150 Problemas de matemáticas para 2º de Primaria
TOMO I

Proyecto Aristóteles

Copyright © 2013 Proyecto Aristóteles

Todos los derechos reservados.

Quedan prohibidos, dentro de los límites establecidos en la ley y bajo los apercibimientos legalmente previstos, la preproducción total o parcial de esta obra por cualquier medio o procedimiento, ya sea electrónico o mecánico, el tratamiento informático, el alquiler o cualquier otra forma de cesión de la obra sin la autorización previa y por escrito de los titulares del copyright.

ISBN: 149538800X
ISBN-13: 978-1495388002

A Noelia María y Nachete.

CONTENIDOS

Para comenzar   i

1   Problemas   3

2   Epílogo   Pg 72

PARA COMENZAR

El blasón del Proyecto Aristóteles es el proverbio *usus, magíster egregius* (la práctica es el mejor maestro). El dominio de cualquier disciplina, incluidas las matemáticas, sólo puede adquirirse a través del ejercicio variado y constante. Éste es el motivo por el cual presentamos nuestra serie especial de problemas para Segundo de Primaria. Los problemas constituyen un tipo de actividad que presenta sus dificultades específicas. Para superarlas no basta con dominar con soltura las reglas básicas de la aritmética sino que se precisa una capacidad de planificación estratégica de los cálculos y operaciones que llevan a la consecución del resultado.

1. En una bolsa hay 250 caramelos. Juan regala 151. ¿Cuántos quedan?

Había ………. caramelos.

Juan regala ………. caramelos.

Quedan ………. caramelos.

¿Qué operación has realizado?

………………………………..

2. En un zoológico hay 175 animales. Traen 132 animales más. ¿Cuántos animales hay ahora?

Había ………. animales.

Traen ………. animales.

Hay ………. animales.

¿Qué operación has realizado?

………………………………..

3. En una caja hay 123 lápices. Luis se lleva 34. ¿Cuántos quedan?

Había ………. lápices.

Luis ………. lápices.

Quedan ………. lápices.

¿Qué operación has realizado?

………………………………..

4. En una tienda hay 232 barras de pan. Un ladrón se leva 97. ¿Cuántas barras de pan quedan?

Había ………. barras de pan.

El ladrón roba ………. barras.

Quedan ………. barras de pan.

¿Qué operación has realizado?

………………………………..

5. Felipe tiene 167 cromos y su primo le regala 68. ¿Cuántos cromos tiene ahora Felipe?

Felipe tenía ………. cromos.

Su primo le regala ………. cromos.

Felipe tiene ahora ………. cromos.

¿Qué operación has realizado?

………………………………..

6. Un camión transporta 245 cajas. Llega al destino y deja 38 ¿Cuántas cajas lleva ahora el camión?

El camión llevaba ………. cajas.

Deja ………. cajas.

Quedan ………. cajas.

¿Qué operación has realizado?

………………………………..

7. Una urbanización tiene 324 casas. Construyen 28 casas más. ¿Cuántas casas hay ahora?

Había ………. casas.

Construyen ………. casas.

Ahora hay ………. casas.

¿Qué operación has realizado?

………………………………..

8. En un bosque hay 334 árboles pero se talan 289. ¿Cuántos árboles quedan?

Había ………. árboles.

Talan ………. árboles.

Quedan ………. árboles.

¿Qué operación has realizado?

…………………………..

9. En un almacén guardan 228 mesas. Traen 153 mesas más. ¿Cuántas mesas hay ahora?

Había ………. mesas.

Traen ………. mesas.

Hay ………. mesas.

¿Qué operación has realizado?

…………………………..

10. En hotel hay 405 huéspedes pero se marchan 154. ¿Cuántos quedan?

Había .... huéspedes.

Se marchan .... huéspedes.

Quedan .... huéspedes.

¿Qué operación has realizado?

....

11. En una piscina hay 248 personas pero salen del agua 194. ¿Cuántas quedan?

Había .... personas.

Salen .... personas.

Quedan .... personas.

¿Qué operación has realizado?

....

12. En una carretera hay 184 coches y entran 302 coches más. ¿Cuántos coches hay ahora?

Había ………. coches.

Entran ………. coches.

Hay ………. coches.

¿Qué operación has realizado?

………………………………..

13. En la playa hay 184 personas pero llegan 225 más. ¿Cuántas hay ahora?

Había ………. personas.

Llegan ………. personas.

Hay ………. personas.

¿Qué operación has realizado?

………………………………

14. En un taller hay 352 tornillos y traen 109 más. ¿Cuántos tornillos hay ahora?

Había ………. tornillos.

Traen ………. tornillos.

Hay ………. tornillos.

¿Qué operación has realizado?

…………………………..

15. En una caja hay 290 semillas y metemos 216 más. ¿Cuántas semillas hay?

Había ………. semillas.

Metemos ………. semillas.

Hay ………. semillas.

¿Qué operación has realizado?

…………………………..

16. En un estanque hay 376 peces y sacamos 241. ¿Cuántos peces quedan?

Había ………. peces.

Sacamos ………. peces.

Quedan ………. peces.

¿Qué operación has realizado?

………………………………..

17. Eva tiene 234 euros en la cuenta y mete 201 más. ¿Cuántos euros tiene?

Eva tenía ………. euros.

Mete ………. euros.

Tiene ………. euros.

¿Qué operación has realizado?

………………………………..

18. José tiene 524 pinzas de la ropa y pierde 284. ¿Cuántas pinzas le quedan?

José tenía ………. pinzas.

Mete ………. pinzas.

Tiene ………. pinzas.

¿Qué operación has realizado?

………………………………..

19. Tengo una colección con 290 sellos y me regalan 289 más. ¿Cuántos sellos tengo ahora?

Tenía ………. euros.

Mete ………. euros.

Tiene ………. euros.

¿Qué operación has realizado?

………………………………..

20. En un rebaño de 520 ovejas esquilan 194. ¿Cuántos ovejas quedan sin esquilar?

Había ………. ovejas.

Esquilan ………. ovejas.

Quedan ………. ovejas sin esquilar.

¿Qué operación has realizado?

………………………………..

21. En un tren había 245 pasajeros y en la siguiente parada suben 356. ¿Cuántos pasajeros hay en el tren ahora?

Tenía ………. euros.

Mete ………. euros.

Tiene ………. euros.

¿Qué operación has realizado?

………………………………..

22. En una peluquería hay 345 horquillas y se pierden 123. ¿Cuántas horquillas quedan?

Había .... horquillas.

Se pierden .... horquillas.

Quedan .... horquillas.

¿Qué operación has realizado?

....

23. En una carpeta hay 386 hojas de papel y metemos 205 más. ¿Cuántas hojas hay ahora?

Había .... hojas.

Metemos .... hojas.

Hay .... hojas.

¿Qué operación has realizado?

....

24. En un vuelo hay 249 pasajeros sentados y 312 de pie. ¿Cuántos pasajeros hay en total?

Hay ………. pasajeros sentados.

Hay ………. pasajeros de pie.

Hay ………. pasajeros en total.

¿Qué operación has realizado?

……………………..……….

25. En un jardín hay 223 plantas distintas y se siembran 351. ¿Cuántas plantas habrá en el jardín?

Hay ………. plantas.

Sembramos ………. plantas.

Habrá ………. plantas.

¿Qué operación has realizado?

……………………..……….

26. En una ordenador hay 543 archivos de borramos 294. ¿Cuántas archivos hay ahora?

Había ………. archivos.

Borramos ………. archivos.

Hay ………. archivos.

¿Qué operación has realizado?

……………………………..

27. En un concierto hay 245 asistentes y entran 302 más. ¿Cuántos asistentes hay en el concierto ahora?

Había ………. asistentes.

Entran ………. asistentes.

Hay ………. asistentes.

¿Qué operación has realizado?

……………………………..

28. En una red hay 510 peces, pero se escapan 257. ¿Cuántos peces quedan en la red ahora?

Había ………. peces.

Se escapan ………. peces.

Quedan ………. peces.

¿Qué operación has realizado?

……………………..………..

29. Ayer recorrimos 283 kilómetros con el coche y hoy 347. ¿Cuántos kilómetros hemos recorrido en total?

Ayer recorrimos ………. kilómetros.

Hoy recorrimos ………. kilómetros.

Hemos recorrido ………. kilómetros.

¿Qué operación has realizado?

……………………..………..

30. En un gallinero se han puesto 483 huevos y el granjero se lleva 293. ¿Cuántos huevos quedan en el gallinero?

Se ponen .... huevos.

Se llevan .... huevos.

Quedan .... huevos.

¿Qué operación has realizado?

....

31. En un almacén hay 583 trozos de leña y usamos 193 para encender el fuego. ¿Cuántos trozos de leña quedan?

Había .... trozos de leña.

Usamos .... trozos de leña.

Quedan .... trozos de leña.

¿Qué operación has realizado?

....

32. He dejado 391 euros a mi madre y 281 euros a mi padre. ¿Cuántos euros he dejado en total?

Dejé ………. euros a mi madre.

Dejé ………. euros a mi padre.

He dejado ………. euros en total.

¿Qué operación has realizado?

………………………..

33. Hemos subido 193 escalones y quedan por subir 349 más. ¿Cuántos escalones tiene la escalera?

Hemos subido ………. escalones.

Quedan ………. escalones.

Hay ………. escalones en total.

¿Qué operación has realizado?

………………………..

34. En una pared hay 263 baldosas enteras y 320 baldosas rotas. ¿Cuántas baldosas hay en total?

Hay ………. baldosas enteras.

Hay ………. baldosas rotas.

Hay ………. baldosas en total.

¿Qué operación has realizado?

……………………………….

35. En una joyería hay 472 anillos, pero un ladrón roba 293. ¿Cuántas anillos quedan en la joyería?

Había ………. anillos.

Roban ………. anillos.

Quedan ………. anillos.

¿Qué operación has realizado?

……………………………….

36. Ayer tenía 235 monedas pero regalé 28. Hoy me han regalado a mí 83. ¿Cuántas monedas tengo hoy?

Tenía ………. monedas.

Regalé ………. monedas.

Me quedaban ………… monedas.

Me han regalado ………. monedas.

Hoy tengo ………. monedas.

37. En una oficina hay 637 cartas. Ayer se enviaron 238 y hoy 174. ¿Cuántas cartas quedan?

Había ………. cartas.

Ayer se enviaron ………. cartas.

Quedaban ………… cartas.

Hoy se envían ………. cartas.

Hoy quedan ………. cartas.

38. En un jardín había 583 flores. Ayer se podaron 243 y hoy se han podado 174. ¿Cuántas flores quedan?

Había ………. flores.

Ayer se podaron ………. flores.

Quedaban …………. flores.

Hoy se podan ………. flores.

Hoy quedan ………. flores.

40. En un barco había 629 cajas. Ayer bajaron a tierra 475 y hoy han subido 147. ¿Cuántas cajas quedan?

Había ………. cajas.

Ayer bajaron ………. cajas.

Quedaban …………. cajas.

Han subido ………. cajas.

Hoy quedan ………. cajas.

41. Marisa tenía una colección de 303 llaveros. Regaló 28 pero hoy compra 333. ¿Cuántos llaveros tiene?

Marisa tenía ………. llaveros.

Regaló ………. llaveros.

Le quedaban …………. llaveros.

Hoy compra ………. llaveros.

Marisa tiene hoy ………. llaveros.

42. En un panal hay 639 abejas. Se marchan 483 pero llegan 95 ¿Cuántas abejas quedan?

Había ………. abejas.

Se marchan ………. abejas.

Quedaban …………. abejas.

Llegan ………. abejas.

Quedan ………. abejas.

43. En una tienda había 483 vestidos. Ayer trajeron 94 y hoy se han vendido 138. ¿Cuántos vestidos quedan?

Había .... vestidos.

Trajeron .... vestidos.

Quedaban .... vestidos.

Se vendieron .... vestidos.

Quedan .... vestidos.

44. En una frutería había 384 naranjas. Hoy se han vendido 294 pero ayer trajeron 294. ¿Cuántas naranjas hay?

Había .... naranjas.

Ayer trajeron .... naranjas.

Quedaban .... naranjas.

Hoy se venden .... naranjas.

Quedan .... naranjas.

45. En un almacén había 583 colchones. Ayer se vendieron 28 y hoy 193. ¿Cuántos colchones quedan?

Había ………. colchones.

Se vendieron ………. colchones.

Quedaban …………. colchones.

Se venden ………. colchones.

Quedan ………. colchones.

46. En un estadio hay 694 personas. Hace una hora se fueron 184 y ahora se han ido 375. ¿Cuántas personas quedan?

Había ………. personas.

Se marcharon ………. personas.

Quedaban ……….. personas.

Se marchan ………. personas.

Quedan ………. personas.

47. En una casa viven 428 vecinos. Ayer se fueron 238 de vacaciones y hoy se han ido 74. ¿Cuántos vecinos quedan?

Había ………. vecinos.

Ayer se fueron ………. vecinos.

Quedaban …………. vecinos.

Hoy se han ido ………. vecinos.

Quedan ………. vecinos.

48. En un vagón hay 183 pasajeros. En una parada salen 84 pero entran 128. ¿Cuántos pasajeros hay ahora?

Había ………. pasajeros.

Salen ………. pasajeros.

Quedan ………. pasajeros.

Entran ………. pasajeros.

Ahora hay ………. pasajeros.

49. En un terreno hay 673 plantas. Se han estropeado 238 pero han sembrado 182. ¿Cuántas plantas hay ahora?

Había ………. plantas.

Se estropean …..…… plantas.

Quedan ………. plantas.

Siembran ………. plantas.

Ahora hay ………. plantas.

50. En un restaurante había 342 personas. Se marcharon 283 pero han llegado 243. ¿Cuántas personas hay ahora?

Había ………. personas.

Se marcharon …..…… personas.

Quedaban ………. personas.

Han llegado ………. personas.

Ahora hay ………. personas.

51. En la tienda hay 670 yogures. Ayer se vendieron 283 y hoy se han vendido 303. ¿Cuántos yogures quedan?

Había .... yogures.

Ayer se vendieron ....

Hoy había .... yogures.

Hoy se han vendido ....

Quedan .... yogures.

52. Había leído 283 páginas de un libro. Ayer leí 24 más y hoy 93. ¿Cuántas páginas he leído en total?

Había leído .... páginas.

Ayer leí .... páginas.

Ayer llevaba leídas .... páginas.

Hoy.......... he leído páginas.

He leído .... páginas en total.

53. María ha ahorrado 363 euros pero ayer se gastó 24 y hoy ha prestado 281. ¿Cuántos euros le quedan?

María ahorró ………. euros.

Ayer se gastó ….……. euros.

Hoy tenía ………. euros.

Ha prestado ………. euros.

Le quedan ….……. euros.

54. Ana tenía 34 postales. Ayer compró 234 y hoy 235. ¿Cuántas postales tiene hoy ?

Ana tenía ………. postales.

Ayer compró ….……. postales.

Ayer tenía ………. postales.

Hoy compra ………. postales.

Hoy tiene ……….. postales.

55. Noelia tiene tres cajas de zapatos y en cada caja hay dos zapatos. ¿Cuántos zapatos tiene Noelia?

Noelia tiene ……. cajas de zapatos.

Cada caja tiene ……. zapatos.

Noelia tiene ……. zapatos en total.

56. Isabel tiene 3 álbumes de fotos y cada uno de ellos contiene 7 fotos. ¿Cuántas fotos tiene Isabel?

Isabel tiene ……. álbumes.

Cada álbum tiene ……. fotos.

Isabel tiene ……. fotos en total.

57. En los últimos dos años me he leído 8 libros cada año. ¿Cuántos libros he leído en total?

He leído ……. años.

Cada año he leído ……. libros.

He leído ……. libros en total.

58. Tengo 2 carpetas y dentro de cada una hay 9 cuadernos. ¿Cuántos cuadernos tengo?

Tengo ……. carpetas.

Cada carpeta contiene ……. cuadernos.

Tengo ……. cuadernos.

59. He comprado 7 botellas que contienen 2 litros de vino cada una. ¿Cuántos litros de vino he comprado en total?

He comprado ……. botellas.

Cada botella contiene ……. litros.

He comprado ……. litros en total.

60. En la oficina hay 10 ordenadores y cada uno de ellos necesita 5 enchufes. ¿Cuántos enchufes hay en la oficina?

Hay ……. ordenadores en la oficina.

Cada ordenador necesita ……. enchufes.

Necesitamos ……. enchufes en total.

61. Laura tiene 3 mochilas y dentro de cada una de ellas guarda 7 pantalones. ¿Cuántos pantalones guarda Laura en total?

Laura tiene ……. mochilas.

Cada mochila tiene ……. pantalones.

Laura tiene ……. pantalones en total.

62. He llenado de agua 4 jarras y en cada una de ellas caben 2 litros. ¿Cuántos litros contienen todas las jarras?

He llenado ……. jarras.

En cada jarra caben ……. litros.

Las jarras contienen ……. litros en total.

63. Ricardo ha comprado 6 chicles y cada uno de ellos le ha costado 3 céntimos. ¿Cuántos céntimos se ha gastado?

Ricardo ha comprado ……. chicles.

Cada chicle vale ……. céntimos.

Ricardo se ha gastado ……. céntimos.

64. Tengo 5 cajas y dentro de cada caja hay 3 tornillos. ¿Cuántos tornillos tengo?

Tengo ……. cajas.

Cada caja tiene ……. tornillos.

Tengo ……. tornillos.

65. Paco ha rellenado 6 cuadernos. Si cada cuaderno tiene 10 páginas ¿Cuántas páginas ha rellenado Paco?

Paco ha rellenado ……. cuadernos.

Cada cuaderno tiene ……. páginas.

Paco ha rellenado ……. páginas.

66. Lucía tiene 5 joyeros y dentro de cada uno de ellos guarda 4 pendientes. ¿Cuántos pendientes tiene Lucía?

Lucía tiene ……. joyeros.

Cada joyero contiene ……. pendientes.

Lucía tiene ……. pendientes.

67. Llevé de viaje 3 maletas y dentro de cada una 6 prendas. ¿Cuántas prendas llevé de viaje?

Llevé ……. maletas de viaje.

Cada maleta contiene ……. prendas.

Llevé de viaje ……. prendas.

68. Azucena lleva 3 bolsas en cada mano y hay 5 pelotas de tenis dentro de cada una. ¿Cuántas pelotas de tenis lleva?

Azucena lleva ……. bolsas.

Cada bolsa contiene ……. pelotas.

Azucena lleva ……. pelotas de tenis.

69. Fernando guarda 4 camisetas en cada cajón y tiene 10 cajones en el armario. ¿Cuántas camisetas tiene Fernando?

El armario tiene ……. cajones.

Cada cajón tiene ……. camisetas.

Fernando tiene ……. camisetas en total.

70. En mi habitación hay 2 estanterías y en cada una de ellas 4 revistas. ¿Cuántas revistas hay en mi habitación?

Hay ……. estanterías.

Cada estantería tiene ……. revistas.

Hay ……. revistas en total en mi habitación.

71. En una sala hay 10 mesas y encima de cada una 3 libros. ¿Cuántos libros hay en total en la sala?

En la sala hay ……. mesas.

Cada mesa hay ……. libros.

Hay ……. libros en total en la sala.

72. En mi balcón hay 4 jaulas y 2 pájaros dentro de cada una. ¿Cuántos pájaros tengo en total?

Tengo ……. jaulas.

Cada jaula tiene ……. pájaros.

Tengo ……. pájaros en total.

73. Tengo 2 hermanos pero mi madre tenía el doble de hermanos que yo. ¿Cuántos hermanos tenía mi madre?

Tengo ……. hermanos.

Mi madre tenía el doble de hermanos.

Mi madre tiene ……. hermanos.

74. En tu casa hay 7 banquetas pero en la tuya hay el doble. ¿Cuántas banquetas hay en tu casa?

En mi casa hay ……. banquetas.

En la tuya hay el doble.

En tu casa hay ……. banquetas.

75. He esperado 10 minutos, pero ayer esperé el triple. ¿Cuántos minutos esperé ayer?

He esperado ……. minutos.

Ayer esperé el triple.

Ayer esperé ……. minutos.

76. José me ha pedido 5 informes pero Juan me ha pedido el doble. ¿Cuántos informes me ha pedido Juan?

José me ha pedido ……. informes.

Juan me ha pedido el doble.

Juan me ha pedido ……. informes.

77. Ayer imprimí 9 páginas pero mañana imprimiré el doble. ¿Cuántas páginas imprimiré mañana?

Ayer imprimí ……. páginas.

Mañana imprimiré el doble

Mañana imprimiré ……. páginas.

78. Hoy se me han arrugado 5 camisas pero ayer se me arrugaron el triple. ¿Cuántas se me arrugaron ayer?

Se me han arrugado ……. camisas.

Ayer se me arrugaron el triple.

Ayer se me arrugaron ……. camisas.

79. El Sonia tiene 4 folletos y Fermín el doble. ¿Cuántos folletos tiene Fermín?

Sonia tiene ……. folletos.

Fermín tiene el doble.

Fermín tiene ……. folletos.

80. He escrito 9 páginas pero me queda el triple para terminar. ¿Cuántas páginas me quedan para terminar?

He escrito ……. páginas.

Me quedan el triple de páginas.

Me quedan ……. páginas para terminar.

81. Sólo he conocido a un pelirrojo pero mi vecino conoce al doble. ¿Cuántos pelirrojos conoce mi vecino?

Conozco a ……. pelirrojo.

Mi vecino conoce al doble..

Mi vecino conoce ……. pelirrojos.

82. Tengo 4 amigas pero mi hermano tiene el triple de amigas que yo. ¿Cuántas amigas tiene mi hermano?

Tengo ……. amigas.

Mi hermano tiene el triple de amigas.

Mi hermano tiene ……. amigas.

83. He doblado 8 sábanas pero ayer doblé el triple. ¿Cuántas sábanas doblé ayer?

He doblado ……. sábanas.

Ayer doblé el triple.

Ayer doblé ……. sábanas.

84. He traído 9 cubiertos pero mañana traeré el triple. ¿Cuántos cubiertos traeré mañana?

He traído ……. cubiertos.

Mañana traeré el triple.

Mañana traeré ……. cubiertos.

85. En el cajón hay 6 latas pero en el armario hay doble. ¿Cuántas latas hay en el armario?

En el cajón hay ……. latas.

En el armario hay el doble.

En el armario hay ……. latas.

86. Antonio se ha comido 8 chocolatinas. David ha comido el doble. ¿Cuántas ha comido David?

Antonio ha comido ……. chocolatinas.

David ha comido el doble.

David ha comido ……. chocolatinas.

87. He leído 7 páginas pero mañana leeré el triple. ¿Cuántas páginas leeré mañana?

He leído ……. páginas.

Mañana leeré el triple.

Mañana leeré ……. páginas.

88. Tengo 5 sobres pero mi hermana tiene el triple que yo. ¿Cuántos sobres tiene mi hermana?

Tengo ……. sobre.

Mi hermana tiene el triple.

Mi hermana tiene ……. sobres.

89. Tengo 10 pasteles y mi compañera tiene el doble. ¿Cuántos pasteles tiene?

Tengo ……. pasteles.

Mi compañera tiene el doble.

Mi compañera tiene ……. pasteles.

90. Tengo 3 muñecas pero mi prima tiene el triple que yo. ¿Cuántas muñecas tiene mi prima?

Tengo ……. muñecas.

Mi prima tiene el triple de muñecas.

Mi prima tiene ……. muñecas.

91. Francisco ha metido en una bolsa 429 cacahuetes por la mañana y 213 por la tarde. ¿Cuántos cacahuetes contiene ahora la bolsa de Francisco?

Por la mañana metió ………. cacahuetes.

Por la tarde mete ………. cacahuetes.

Contiene ahora ………. cacahuetes.

¿Qué operación has realizado?

………………………………..

92. En un jardín se han plantado 894 claveles y una tormenta ha arrancado 104. ¿Cuántos claveles quedan aún en el jardín?

Había ………. claveles.

La tormenta arranca ………. claveles.

Quedan ………. claveles.

¿Qué operación has realizado?

………………………………..

93. Agustín pidió el año pasado 932 botellas de vino para su restaurante. Si ha gastado 281, ¿cuántas botellas de vino le quedan a Agustín en su restaurante?

Pidió ………. botellas de vino.

Gastó ………. botellas de vino.

Quedan ………. botellas de vino.

¿Qué operación has realizado?

………………………………..

94. A lo largo de una carretera hay 958 chumberas plantadas. Si 250 tienen higos y el resto no, ¿cuántas chumberas del camino no tienen higos?

Hay ………. chumberas.

Hay ………. con higos.

Hay ………. chumberas sin higos.

¿Qué operación has realizado?

………………………………..

95. Cornelia ha salido a pasear 204 días este año. Si cada año tiene 365 días, ¿cuántos días se ha quedado en casa Cornelia este año?

Cornelia ha salido .... días a pasear.

Hay .... días en el año.

Cornelia se ha quedado en casa .... días.

¿Qué operación has realizado?

....

96. Un sastre arregló 317 cremalleras el mes pasado y 502 este mes. ¿Cuántas cremalleras ha arreglado el sastre durante estos dos meses?

El mes pasado arregló .... cremalleras.

Este mes ha arreglado .... cremalleras.

Ha arreglado .... cremalleras en total.

¿Qué operación has realizado?

....

97. Una grapadora ha sido usada 792 veces el mes pasado y 24 veces este mes. ¿Cuántas veces ha sido usada la grapadora estos dos meses?

El mes pasado se usó ………. veces.

Este mes se ha usado ………. veces.

Se ha usado ………. veces estos dos meses.

¿Qué operación has realizado?

………………………………..

98. Héctor ha hecho hoy 9 viajes al supermercado y en cada uno de ellos ha comprado 6 artículos. ¿Cuántos artículos en total ha comprado hoy Héctor?

Hace ………. viajes al supermercado.

Compra ………. artículos en cada viaje.

Ha comprado ………. artículos en total.

¿Qué operación has realizado?

………………………………..

99. En un cumpleaños se sirven 302 vasos de refresco de limón y 562 vasos de refresco de naranja. ¿Cuántos vasos de refresco se sirven en total en el cumpleaños?

Se sirven ………. vasos de refresco de limón.

Se sirven ………. vasos de refresco de naranja.

Se sirven ………. vasos de refresco en total.

¿Qué operación has realizado?

………………………………..

100. En un aparcamiento hay 863 coches y 352 de ellos están a la sombra. ¿Cuántos coches están al sol en el aparcamiento?

Hay ………. coches en el aparcamiento.

Hay ………. coches a la sombra.

Hay ………. coches al sol.

¿Qué operación has realizado?

………………………………..

101. En una mesa hay 9 compartimentos y en cada uno de ellos se guardan 6 servilletas. ¿Cuántas servilletas hay en total en la mesa?

Hay ………. compartimentos en la mesa.

Hay ………. servilletas en cada compartimento.

Hay ………. servilletas en la mesa.

¿Qué operación has realizado?

………………….………..

102. Un camión de reparto tiene que llevar 406 paquetes. Si se pincha una rueda cuando ha repartido 320, ¿cuántos paquetes quedan por repartir?

Tiene que llevar ………. paquetes.

Ha repartido ………. paquetes.

Quedan ………. paquetes por repartir.

¿Qué operación has realizado?

………………….………..

103. En una sala de espera hay 9 bancos y cada uno de ellos tiene 4 patas. ¿Cuántas patas en total tienen todos los bancos de la sala de espera?

Hay ………. bancos.

Cada banco tiene ………. patas.

Hay ………. patas en total.

¿Qué operación has realizado?

…………………………….

104. La bandera de la Comunidad de Madrid tiene 7 estrellas. Si en un edificio hay 6 banderas, ¿cuántas estrellas hay en total en las banderas del edificio?

Cada bandera tiene ………. estrellas.

Hay ………. banderas.

Hay ………. estrellas en total.

¿Qué operación has realizado?

…………………………….

105 En un taller se han reparado los faros de 8 coches. Si cada coche tiene 4 faros, ¿cuántos faros se han reparado en total en el taller?

Se reparan ………. coches.

Cada coches ………. faros.

Se reparan ………. faros en total.

¿Qué operación has realizado?

…………………..……….

106. 938 personas están viendo un programa de televisión. En el corte publicitario cambian de canal 307 personas. ¿Cuántas siguen viendo el programa después del corte publicitario?

Hay ………. personas viendo el programa.

Cambian de canal ………. personas.

Siguen viendo el programa ………. personas.

¿Qué operación has realizado?

…………………..……….

107. Una página web recibe 503 visitas por la mañana, 205 por la tarde y 33 por la noche. ¿Cuántas visitas en total ha recibido hoy la página web?

Recibe ………. visitas por la mañana.

Recibe ………. visitas por la tarde.

Recibe ………. visitas por la noche.

Recibe ………. visitas en total.

¿Qué operación has realizado?

………………………….

108. En un balcón hay 6 jaulas y en cada una de ellas 5 canarios. ¿Cuántos canarios en total hay en las jaulas del balcón?

Hay ………. jaulas.

Hay ………. canarios en cada jaula.

Hay ………. canarios en el balcón.

¿Qué operación has realizado?

………………………….

109. Un repartidor de pizzas ha repartido 359 pizzas el lunes, 102 el martes y 217 el miércoles. ¿Cuántas pizzas ha repartido en total estos tres días?

Reparte .... pizzas el lunes.

Reparte .... pizzas el martes.

Reparte .... pizzas el miércoles.

Reparte .... pizzas en total.

¿Qué operación has realizado?

....

110. En un estanco hay 8 estanterías y en cada una de ellas hay 3 tipos de tabaco de pipa. ¿Cuántos tipos diferentes de tabaco de pipa hay en el estanco

Hay .... estanterías en el estanco.

Hay .... tipos de tabaco en cada estantería.

Hay .... tipos de tabaco de pipa en el estanco.

¿Qué operación has realizado?

....

110. Un fontanero ha recibido 789 euros por su trabajo de esta mañana. Si se ha gastado 294 euros por la tarde, ¿cuántos euros le quedan?

Recibe ………. euros por la mañana.

Gasta ………. euros por la tarde.

Le quedan ………. euros.

¿Qué operación has realizado?

………………………..……….

111. En un trastero se guardan 7 bicicletas. Si en un edificio hay 6 trasteros, ¿cuántas bicicletas se guardan en total en el edificio?

Hay ………. bicicletas en cada trastero.

Hay ………. trasteros en el edificio.

Hay ………. bicicletas en el edificio.

¿Qué operación has realizado?

………………………..……….

112. Un barco transporta 904 figuras de porcelana. Debido al oleaje se rompen 487 figuras. ¿Cuántas figuras permanecen en buen estado?

Se transportan ………. figuras.

Por el oleaje se rompen ………. figuras.

Quedan ………. figuras en buen estado.

¿Qué operación has realizado?

………………….……….

113. En una boda se han servido 389 menús con carne y 576 con pescado. ¿Cuántos menús en total se han servido en la boda?

Se sirven ………. menús con carne.

Se sirven ………. menús con pescado.

Se sirven ………. menús en total.

¿Qué operación has realizado?

………………….……….

114. Un joyero fabricó 778 pendientes el año pasado. Vendió 245 pero volvió a fabricar 327. ¿Cuántos pendientes tiene ahora el joyero?

Fabricó ………. pendientes.

Vendió ………. pendientes.

Le quedaban …………. pendientes.

Fabricó ………. pendientes.

El joyero tiene ahora ………. pendientes.

115. En una oficina hay 938 postales. Ayer se enviaron 238 y hoy 174. ¿Cuántas postales quedan aún por enviar en la oficina?

Había ………. postales.

Ayer se enviaron ………. postales.

Quedaban …………. postales.

Hoy se envían ………. postales.

Hoy quedan ………. postales por enviar.

116. En un viñedo hay 893 vides plantadas. Las lluvias estropean 240 vides pero se plantan 103 vides más. ¿Cuántas vides hay ahora en el viñedo?

Había ………. vides plantadas.

Las lluvias estropean ………. vides.

Quedaban …………. vides.

Se plantan ………. vides.

Hay ………. vides ahora.

117. En un quiosco hay 6 cajas y cada una de ellas contiene 7 revistas. Si se han vendido 10 revistas esta mañana, ¿cuántas quedan por vender en el quiosco?

Hay ………. cajas.

Cada caja contiene ………. revistas.

Hay …………. revistas en las cajas.

Se venden ………. revistas esta mañana.

Quedan ………. revistas por vender.

118. Jorge tenía una colección de 930 sellos. Regaló 708 pero hoy ha comprado 503. ¿Cuántos sellos tiene ahora Jorge?

Jorge tenía ………. sellos.

Regala ………. sellos.

Le quedaban …………. sellos.

Hoy compra ………. sellos.

Jorge tiene ………. sellos ahora.

119. En un poste telefónico hay 509 palomas. Echan a volar 420 pero llegan 240 palomas después. ¿Cuántas palomas hay en el poste telefónico ahora?

Había ………. palomas.

Echan a volar ………. palomas.

Quedan …………. palomas.

Llegan ………. palomas.

Hay ………. palomas ahora.

120. En una droguería hay 784 frascos de perfume. Ayer trajeron 199 pero hoy se han vendido 238. ¿Cuántos frascos de perfume quedan en la droguería?

Había ………. frascos de perfume.

Trajeron ………. frascos.

Quedaban …………. frascos.

Se vendieron ………. frascos.

Quedan ………. frascos de perfume.

121. En un huerto se han plantado 579 lechugas. La lluvia ha estropeado 204 y el granizo 103. ¿Cuántas lechugas quedan en el huerto en buen estado?

Había ………. lechugas.

La lluvia estropea ………. lechugas.

Quedaban …………. lechugas.

El granizo estropea ………. lechugas.

Quedan ………. lechugas en buen estado.

122. En restaurante hay 903 platos. Se rompen 420 por un terremoto pero se compran 204. ¿Cuántos platos hay en el restaurante ahora?

Había ………. platos.

Se rompen ………. platos por un terremoto.

Quedaban …………. platos.

Se compran ………. platos.

Hay ………. platos ahora.

123. En un almacén hay 938 espejos y un terremoto destruye 605. ¿Cuántos espejos en buen estado se conservan aún en el almacén?

Había ………. espejos.

El terremoto destruye ………. espejos.

Quedan ………. espejos en buen estado.

¿Qué operación has realizado?

……………………………..

124. En una tienda se deben fotocopiar 893 folletos. Si la máquina se estropea cuando ha fotocopiado 249 folletos, ¿cuántos quedan por fotocopiar?

Se deben fotocopiar ……….. folletos.

Se fotocopian ………. folletos.

Quedan por fotocopiar ……….. folletos.

¿Qué operación has realizado?

………………………………..

125. Daniel ha guardado en el maletero de su coche 7 bolsas y dentro de cada una hay 3 latas de atún. ¿Cuántas latas de atún hay en total en el maletero?

Daniel guarda ……….. bolsas en el maletero.

Cada bolsa tiene ………. latas de atún dentro.

Hay ……….. latas en total en el maletero.

¿Qué operación has realizado?

………………………………..

126. En un pasillo del supermercado hay 8 estanterías y cada una de ellas contienen 5 tipos distintos de fruta. ¿Cuántos tipos de fruta distinta hay en el pasillo?

Hay ………. estanterías.

Cada estantería contiene ……..… tipos de fruta.

Hay ………. tipos de fruta en el pasillo.

¿Qué operación has realizado?

………………………………..

127. En un frigorífico hay 6 baldas y cada una de ellas soporta 5 latas de refresco. ¿Cuántas latas de refresco hay en el frigorífico?

Hay ………. baldas en el frigorífico.

Cada balda soporta ………. latas.

Hay ………. latas en el frigorífico.

¿Qué operación has realizado?

………………………………..

128. En una perrera hay 379 caniches y 693 pastores alemanes. ¿Cuántos perros en total hay en la perrera?

Hay ………. caniches.

Hay ………. pastores alemanes.

Hay ………. perros en total en la perrera.

¿Qué operación has realizado?

…………………………..

129. En un estanque hay 375 peces de colores y 295 tortugas. Si, además, llegan volando al estanque 35 patos, ¿cuántos animales hay en total en el estanque?

Hay ………. peces de colores.

Hay ………. tortugas.

Llegan ………. patos.

Hay ………. animales en total

¿Qué operación has realizado?

…………………………..

130. En una tienda se han pedido 284 chicles de sandía, 502 de fresa y 193 de menta. ¿Cuántos chicles en total se han pedido en la tienda?

Se piden ………. chicles de sandía.

Se piden ………. chicles de fresa.

Se piden ………. chicles de menta.

Se piden ………. chicles en total.

¿Qué operación has realizado?

………………………………..

131. El abrigo de un esquimal tiene 7 bolsillos y en cada uno de ellos guarda 7 anzuelos. ¿Cuántos anzuelos en total guarda el esquimal en su abrigo?

El abrigo tiene ………. bolsillos.

Cada bolsillo tiene ………. anzuelos.

Hay ………. anzuelos en el abrigo.

¿Qué operación has realizado?

………………………………..

132. Pablo tenía una deuda con Alfonso de 739 euros. Si ya le ha devuelto 202 euros, ¿cuántos euros debe devolver aún Pablo a Alfonso?

Pablo debe ………. euros a Alfonso.

Pablo ha devuelto ………. euros.

Quedan ………. euros por devolver.

¿Qué operación has realizado?

………………………………..

133. Una regadera contiene 4 litros de agua. Si el jardinero emplea 8 regaderas cada día, ¿cuántos litros de agua necesita el jardinero para regar el jardín?

La regadera contiene ………. litros de agua.

El jardinero emplea ………. regaderas.

Se necesitan ………. litros para regar el jardín.

¿Qué operación has realizado?

………………………………..

134. En un rascacielos hay 993 enchufes. Por un corte de luz se estropean 526. ¿Cuántos enchufes funcionan aún en el rascacielos?

Hay ………. enchufes en el rascacielos.

Se estropean ………. enchufes.

Funcionan aún ………. enchufes.

¿Qué operación has realizado?

………………………………..

135. En un estadio hay 893 personas. En el descanso del partido se marchan 504 pero entran 375. ¿Cuántas personas hay al final del partido?

Había ………. personas.

Se marcharon ………. personas.

Quedaban ………. personas.

Entran ………. personas.

Quedan ………. personas al final del partido.

136. En un taller de pintura hay 349 rotuladores. Se secan 204 de ellos y se tiran a la basura, pero después se compran 569. ¿Cuántos rotuladores hay ahora?

Había ………. rotuladores.

Se secan ………. rotuladores.

Quedaban …………. rotuladores.

Se compran ………. rotuladores.

Hay ………. rotuladores.

137. En un vagón de tren viajan 983 pasajeros. En una parada salen 824 pero entran 728. ¿Cuántos viajeros hay ahora en el tren?

Había ………. viajeros.

Salen ………. viajeros.

Quedan ………. viajeros.

Entran ………. viajeros.

Ahora hay ………. viajeros.

138. En un rebaño hay 389 cabras y 204 ovejas. Si el ganadero compra, además, 293 vacas, ¿cuántos animales en total tiene el rebaño del ganadero?

Había ………. cabras.

Hay ………. ovejas.

Hay ………. cabras y ovejas.

Se compran ………. vacas.

Ahora hay ………. animales en total.

139. En una empresa hay contratadas 794 personas. Si 204 están de baja y 286 de vacaciones, ¿cuántas personas hay trabajando en la empresa?

Hay ………. personas contratadas.

Hay ………. personas de baja.

Quedaban ………. personas.

Hay ………. personas de vacaciones.

Hay ………. personas trabajando.

140. En un supermercado hay 893 yogures. Si 201 de ellos se retiran al estar caducados y 328 se venden, ¿cuántos yogures quedan en el supermercado?

Había ……….. yogures.

Se retiran ……….. yogures.

Quedan ………….. yogures.

Se venden ………..

Quedan ………… yogures.

141. Una furgoneta transporta 389 melones y 501 sandías. Si descarga 204 melones, ¿cuántas piezas de fruta contiene ahora la furgoneta.

Transporta ……….. melones.

Descarga ………… melones.

Quedan ……….. melones.

Transporta………… sandía.

Quedan ……….. piezas de fruta.

142. Carmen ha ahorrado 935 euros pero ayer se gastó 294 y hoy ha prestado 581. ¿Cuántos euros le quedan a Carmen?

Carmen ahorró ………. euros.

Ayer se gastó ………. euros.

Hoy tenía ………. euros.

Ha prestado ………. euros.

Le quedan ………. euros a Carmen.

143. En una tienda hay 305 batidos de chocolate y 204 de fresa. Si hoy se venden 103 batidos de chocolate, ¿cuántos batidos quedan en total en la tienda?

Hay ………. batidos de chocolate.

Hay ………. batidos de fresa.

Hay ………. batidos en total.

Se venden ………. batidos de chocolate.

Quedan ………. batidos en la tienda.

144. Un pescador ha capturado 35 peces en cada red. Si su barco tenía 3 redes, ¿cuántos peces ha capturado en total?

Cada red captura ……….. peces.

Hay ……….. redes en el barco.

Ha capturado ……….. peces en total.

145. Carlos ha leído 42 libros cada año los últimos 8 años. ¿Cuántos libros ha leído en total Carlos durante ese tiempo?

Cada año Carlos lee ……….. libros.

Ha leído libros durante ……….. años.

Carlos ha leído ……….. libros en total.

146. En una sala de espera hay 15 paragüeros y en cada paragüero hay 9 paraguas. ¿Cuántos paragüeros en total hay en la sala de espera?

Hay ……….. paragüeros.

Cada paragüero contiene ……….. paraguas.

Hay ……….. paraguas en total.

147. En una barbacoa hay 8 parrillas y en cada una de ellas se asan 24 chuletas. ¿Cuántas chuletas en total se asan en la barbacoa?

En cada parrilla se asan ……….. chuletas.

Hay ……….. parrillas.

Se asan ……….. chuletas en total en la barbacoa.

148. En una bodega hay 9 tinajas de vino y cada una de ellas contiene 42 litros. ¿Cuántos litros de vino hay en total en la bodega?

Cada tinaja contiene ……….. litros.

Hay ……….. tinajas en la bodega.

Hay ……….. litros en total en la bodega.

149. En la oficina hay 8 estanterías y cada una de ellas soporta 75 archivadores. ¿Cuántos archivadores en total hay en la oficina?

Cada estantería soporta ……….. archivadores.

Hay ……….. estanterías en la oficina.

Hay ……….. archivadores en la oficina.

150. En un bar hay 5 cafeteras y con cada una de ellas se hacen 42 tazas de café. ¿Cuántas tazas de café se han hecho en total en el bar?

Con cada cafetera se hacen ……….. tazas.

Hay ……….. cafeteras en el bar.

Se han hecho ……….. tazas en total.

EPÍLOGO

¡Buen trabajo!

Acabas finalizar el Tomo I de la serie de Problemas para Segundo de Primaria.
Si quieres continuar practicando consulta en tu librería, en Amazon o en nuestra web:

www.proyectoaristoteles.com

www.ingramcontent.com/pod-product-compliance
Lightning Source LLC
Chambersburg PA
CBHW071757170526
45167CB00003B/1068